黄山地学科普书

HUANG SHAN DIXUE KEPU SHU

缪鹏 李维 方媛 编著

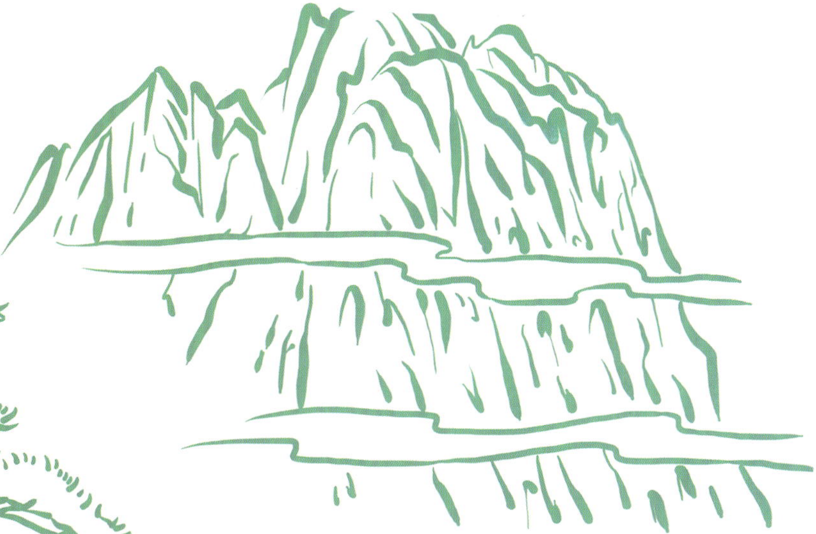

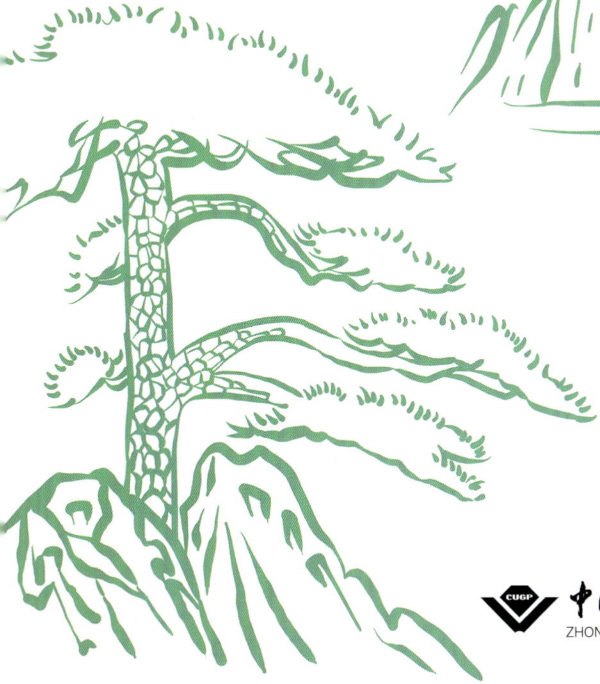

中国地质大学出版社
ZHONGGUO DIZHI DAXUE CHUBANSHE

图书在版编目(CIP)数据

黄山地学科普书/缪鹏,李维,方媛编著. —武汉:中国地质大学出版社,2019.12
ISBN 978-7-5625-4688-7

Ⅰ.①黄…
Ⅱ.①缪…②李…③方…
Ⅲ.①黄山区域地质–普及读物
Ⅳ.①P562.543-49

中国版本图书馆CIP数据核字(2019)第275779号

黄山地学科普书	缪鹏 李维 方媛 编著
责任编辑:张 旭　　选题策划:张 旭	责任校对:张咏梅
出版发行:中国地质大学出版社(武汉市洪山区鲁磨路388号)	邮政编码:430074
电　　话:(027)67883511　　传　　真:(027)67883580	E-mail:cbb@cug.edu.cn
经　　销:全国新华书店	http://cugp.cug.edu.cn
开本:880毫米×1 230毫米　1/20	字数:82千字　印张:2.5　插页:1
版次:2019年12月第1版	印次:2019年12月第1次印刷
印刷:湖北睿智印务有限公司	印数:1—1 000册
ISBN 978-7-5625-4688-7	定价:98.00元

如有印装质量问题请与印刷厂联系调换

《黄山地学科普书》
编委会

主　　任：刘一举

副 主 任：王潮泓　蒋集体　汪寒秋

委　　员：叶　鑫　黄宏星　柯伯行　洪　英　林　燊
　　　　　李　维　赵昌斌　方　媛　缪　鹏

主　　编：缪　鹏　李　维

副 主 编：方　媛　陈润泽　吴　俊　杨炜熹

图片制作：王子豪　陈万驰

前言

地球形成的过程

形成之初
　　大量烟尘和碎屑聚集在一起，它们相互聚合、摩擦，变得越来越大，最终形成了年轻的地球。

再次激活
　　多次外部的撞击加上地球内部的动力，使地球变成了一颗大"火球"。某天，一颗巨大的星体与地球相撞，撞击产生的碎片形成了月球。

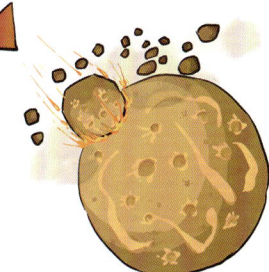

稳定状态
　　日趋"成熟"的地球，受宇宙的影响越来越小。天空中的水蒸气滴落在地球上形成海洋。此刻，地球已经为生命的诞生做好了准备。

逐渐冷却
　　地球逐渐"冷静"下来，形成了坚硬的岩石地壳。大气层也逐渐形成，成为地球的"保护伞"。从火山及其他地方喷出的气体，融入大气层中。

　　地球科学是以地球系统的过程与变化及其相互作用为研究对象的基础学科，地球系统包括大气圈、水圈、岩石圈、生物圈等。地球科学的研究几乎辐射到自然科学的每一个角落。简言之，地球科学是研究地球的科学，其最主要的研究对象是地球。
　　在目前已知的星球之中，地球是唯一一个适合生命繁衍的星球。从宇宙中观察，地球是一颗以蔚蓝色为主，夹杂着绿色与白色的美丽星球。地球表面存在着许多对生命而言至关重要的液态水，呈现出蔚蓝色。

目录
CONTENTS

小小地质学家 /1
地质科普路线 /2
地质调查攻略 /3

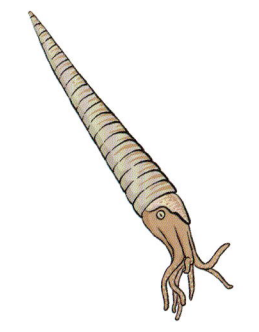

玩转地球史 /4
地球进化树 /5
地层书签 /6
地球的过去 /7

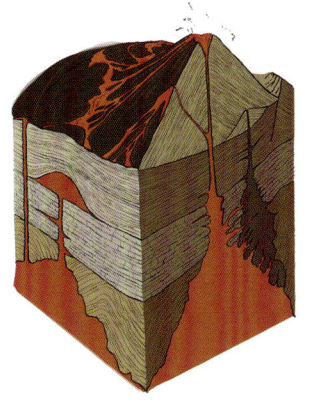

美丽的矿物 /10
黄山"寻宝记" /12
黄山"寻宝记"之迷宫 /13

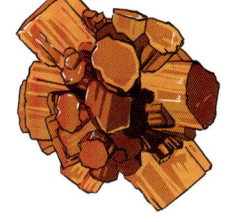

岩石家族:岩浆岩 /14
花岗岩 /18

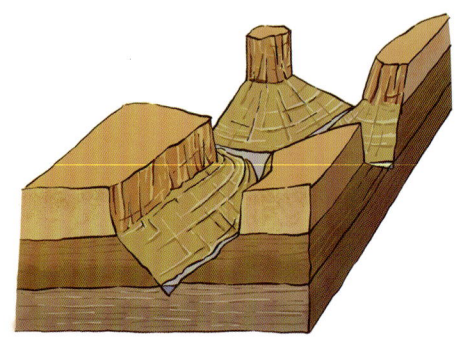

岩石家族:沉积岩　　/19
奇思妙想屋　　　　/20
岩石家族:变质岩　　/21

奇思妙想屋　　　　/23
岩石三兄弟　　　　/24

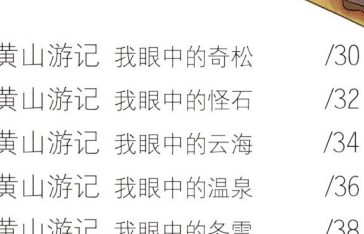

大地构造　　/26
奇思妙想屋　/27
黄山掠影　　/29

黄山游记 我眼中的奇松　/30
黄山游记 我眼中的怪石　/32
黄山游记 我眼中的云海　/34
黄山游记 我眼中的温泉　/36
黄山游记 我眼中的冬雪　/38

岩石ID卡　　/39

地学成长史

小小地质学家

你能跟随着我们提供的观测路线对黄山进行一次专业的地质调查吗？看看你遇到了哪些地质现象，偶遇了哪些可爱的野生动物，观察到哪些野生植物。

四照花 ◀
因有两对白色花瓣状大苞片，光彩夺目，故得名。秋季红果满树，可食用，所以又名山荔枝。

X节理 ◀
节理，也称为裂隙，即我们在岩石上看到的裂缝。X节理指岩石上呈"X"状的交叉裂缝。

重力坍塌 ◀
岩石在重力作用下，自然发生倾落运动形成的地质现象，称其为重力坍塌。

松涛 ▶
风吹过松林，松枝互相撞击会发出"沙沙"一般的声音。

冰川擦痕 ▽
冰川擦痕是冰川搬运物在运动中相互摩擦时形成的。它一端粗一端细，粗的一端指向上游，细的一端指向下游。

红豆杉 ▶
孑遗植物，是目前已知一种可以有效治疗癌症的植物（药效物质必须经过化学提炼，否则含毒性成分）。

松鼠 ▶
主要栖居在树林中，常到地面、倒木及草堆觅食，晨昏时分最为活跃。

红嘴蓝鹊 ▽
广泛分布在林缘地带、灌丛甚至村庄。它生性活泼，常在树枝间跳上跳下，发出多种不同的叫声。

短尾猴 ◀
脸上常有暗红色或紫红色斑块，故又称红面猴。它的尾巴出奇的短，还没有后脚长，而且尾巴上的毛发稀疏，因此又有"断尾猴"之称。

根劈作用 △
生长在岩石裂缝中的植物，随着根系不断长大，对裂隙产生挤压，使岩石裂缝越来越大，从而引起岩石破裂，这种作用称为根劈作用。

红嘴相思鸟 ▽
羽毛艳丽，鸣声婉转动听，在中国分布较广，种群数量丰富，是中国传统的外贸出口鸟类。

温泉 ▽
泉水的一种，从地下自然涌出。泉口温度显著高于当地年平均气温的地下天然泉水才能叫温泉。

鹅掌楸 ▶
孑遗植物，中国特有的珍稀植物。秋天时，叶片变黄，犹如挂满一树的"黄马褂"，故又名马褂木。

地质科普路线

地质调查攻略

你知道地质调查是什么吗？简单来讲，地质调查就是给大地"把脉"，是科学家们寻找矿藏、预测地质灾害、开展工程建设的重要依据。

一起来看看这份地质调查攻略吧，你也可以成为一名合格的小小地质学家。

1. 地质调查路线。确定你的路线，看看前一页的黄山地质科普路线图，试着规划一条适合你自己的路线。

◀ 地图

2. 地质调查工具。测量、观察和采集是地质调查中重要的活动。罗盘、放大镜和地质锤是最常用的地质调查工具，被称为"地质三宝"。

罗盘：确定行进方向，测量山坡坡度和岩层的倾角。

放大镜：延伸我们的眼睛，便于更细致地开展观察活动。

地质锤：用于采集坚硬的岩石标本，便于在实验室进行研究活动。

照相机 ▶

野外记录簿 ▶

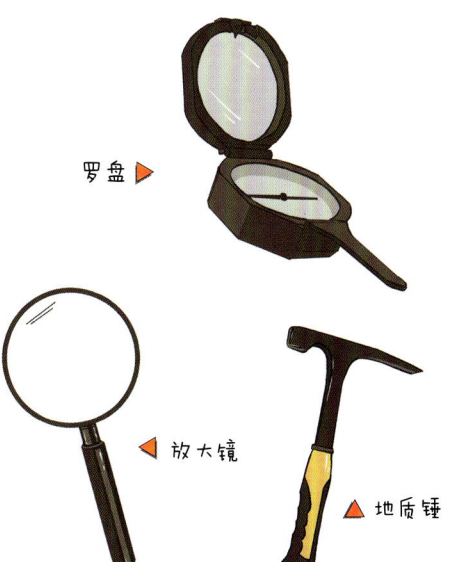

罗盘 ▶

3. 地质调查记录。对地质现象进行拍照也是一项重要的内容，但拍照时一定要放上一种物品做比例尺，不然你很有可能会弄错它本身的大小（试试我们为你准备的比例尺吧，拍摄一组专业的地质现象照片）！

将野外看到的地质现象用画和写的方式记录在野外记录簿上（如果你不知道如何下笔，可以参考最后一章的"岩石ID卡"，相信你也能做出属于自己的地质自然笔记）。

显微镜 ▶

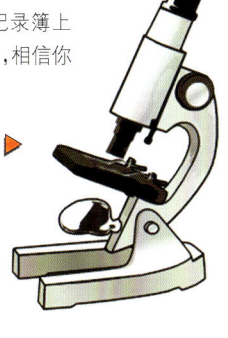

◀ 放大镜

▲ 地质锤

4. 地质调查研究。从野外归来，还有繁重的工作等着你，那就是整理标本、修理标本、镜下观察，进行各种实验和测试，完成你的地质研究。

玩转地球史

夏商周、秦汉三国两晋南北朝、唐宋元明清……
中国的历史年代或许你可以脱口而出，但如果问你地球的历史年代呢？
地质学家将地球46亿年的历史，划分成一个个"纪元"，每个"纪元"都有不同的自然环境与独特的生物种类。这种按地球所有岩石形成时间的先后，建立的"石头王朝"就是地球历史年代。
地质学家将漫长的46亿年分成四大阶段：冥古宙、太古宙、元古宙、显生宙。

冥古宙（46亿~40亿年前）：炙热的地球不断遭受着陨石撞击。月球在这个时段内形成。

太古宙（40亿~25亿年前）：地球上形成大气层，出现最早的大陆还有简单的生命形式。最早的生命靠吃附近的分子长大，当它长大的时候就会发生分裂，裂变成多个生命……生命不断地增长，不断地吞噬营养，这种状况一直维持了几十亿年。

元古宙（25亿~5.4亿年前）：在很长一段时间里，地球上只有一些很小的单细胞生物。但细菌和蓝藻的出现，真可谓"爱"的供氧。氧气，为生命提供了更多的选择，地球上逐渐出现了多细胞生物。与此同时，地球上也形成了第一个超级大陆。

显生宙（5.4亿至今）：进入显生宙后，地球才热闹起来。生命已经成长到肉眼可见的地步。海底里爬行的三叶虫、陆地上奔跑的霸王龙、冰川间觅食的剑齿虎、坐在书桌前读书的你，都活跃在显生宙。

冥古宙			
太古宙	始太古代		
	古太古代		
	中太古代		
	新太古代		
元古宙	古元古代		
	中元古代		
	新元古代	埃迪卡拉纪	
显生宙	古生代	寒武纪	
		奥陶纪	
		志留纪	
		泥盆纪	
		石炭纪	
		二叠纪	
	中生代	三叠纪	
		侏罗纪	
		白垩纪	
	新生代	古近纪	古新世
			始新世
			渐新世
		新近纪	中新世
			上新世
		第四纪	更新世
			全新世

地层书签

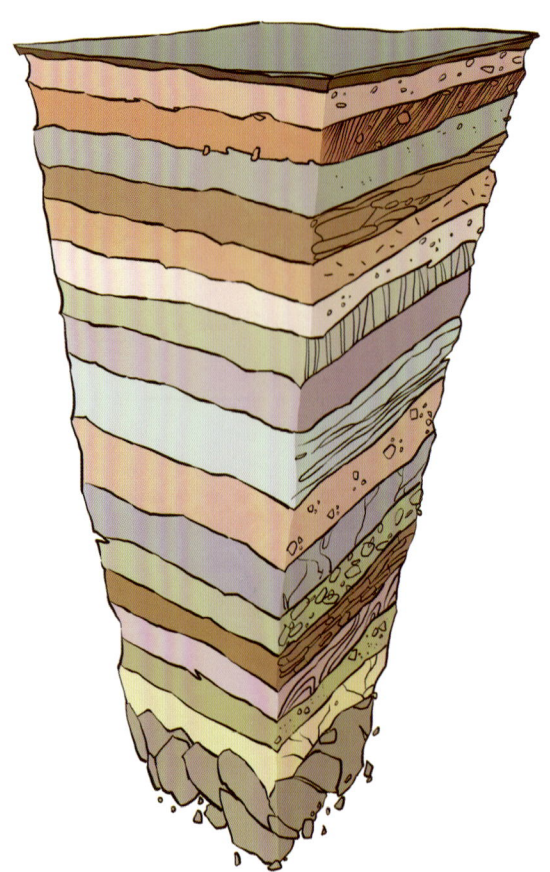

早在17世纪,丹麦学者尼古拉斯·斯丹诺[1]就总结出了地层形成的基本规律:年代越是古老的地层越靠下,而新形成的岩层越靠上。百年之后,英国工程师威廉·史密斯[2]又发现,各个年代地层中的化石大相径庭。**即便地质学家无法准确探测地层的年龄,也能依靠地层中的化石从古到今排个顺序。**

"宙"是跨度最大的地质年代单位,每个"宙"都以亿年为单位。其中冥古宙、太古宙和元古宙又合称为"隐生宙",因为这段时间的生命非常原始,直到元古宙的晚期才有肉眼明显可见的生物。

每个"宙"的时间跨越数亿年,于是科学家们又将每个"宙"划分出多个"代",比如我们所熟知的古生代、中生代就属于这个地质年代单位。

"代"的时间跨度依旧太长,科学家们对每个"代"进一步细分为"纪",时间多为数千万年到1亿万年。我们熟知的《侏罗纪公园》里的"侏罗纪"也由此而来。**"纪"是最常用的一级地质年代单位,因为每个"纪"的生物化石大不相同,而化石正是地层排序的重要依据。**

每个"纪"还能进一步细分为"世",时间多为数百万年至数千万年。我们现在就生活在全新世,从大约距今1万年前的冰期直到现在。

① 尼古拉斯·斯丹诺(Nicolaus Steno,1638—1686年),其名字的丹麦语形式为尼尔斯·斯丹森(Niels Stensen),是丹麦解剖学和地质学的先驱。他早期的地质考察极大地推动了地质学的发展,被认为是"地质学与地层学之父"。他提出,化石是古代生物的遗骸和岩石沉积的结果。他第一个认识到地壳中记录了各年代的地质事件,认为通过对地层和化石的仔细研究可以破译这些地质历史。
② 威廉·史密斯(William Smith,1769—1839年),英国地质学家。史密斯是世界上第一个根据沉积岩层中的生物化石来确定地层顺序的人。他在1815年编绘了最早的英格兰和威尔士现代地质图,很多由他命名的地层名称一直沿用至今。他的发现为古生物学中进化思想的发展提供了前提条件,为把历史地质学和地层学作为一门独立科学奠定了基础。

地球的过去

寒武纪：是现代生物开始的阶段。寒武纪对我们而言十分遥远而陌生，这个时期的地球大陆特征完全不同于今天。寒武纪通常被称为"三叶虫时代"。此外，寒武纪还发生了进化史上的一个重要事件——寒武纪生命大爆发，在短时间内生物种类突然丰富起来，呈爆炸式增长。

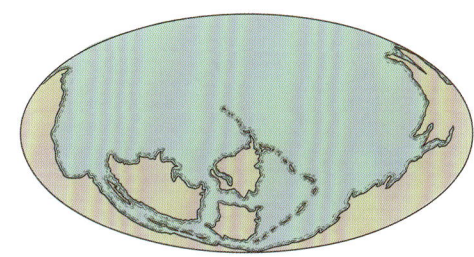

志留纪：经历过奥陶纪大灭绝后的地球，慢慢恢复了"生机"。无脊椎动物在志留纪仍然占据着重要的位置。海洋中漂浮着笔石，海底匍匐着多种贝类，海百合也在海洋中"花枝招展"。盾皮鱼的出现是脊椎动物演化史上的一个重大事件，鱼类开始征服水域。此刻，植物也终于从水中开始向陆地发展，为日后生物登陆创造了重要的条件。

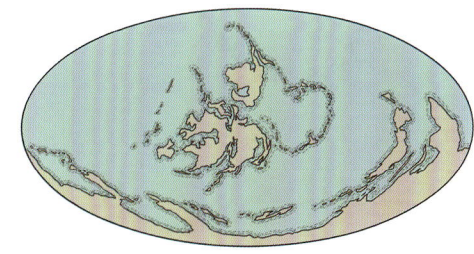

石炭纪：是植物世界大繁盛的代表时期，由于这一时期形成的地层中含有丰富的煤炭，因而得名"石炭"。此时，地球大陆几乎所有地方都被树林覆盖，树木产生大量氧气，催生出许多大型昆虫，因此石炭纪又被称为"巨型昆虫时代"。成也煤炭，败也煤炭，陆地上厚达30米的煤炭层像一颗定时炸弹，终于，这颗炸弹被岩浆引燃，将近一半的物种在烈火中消失。

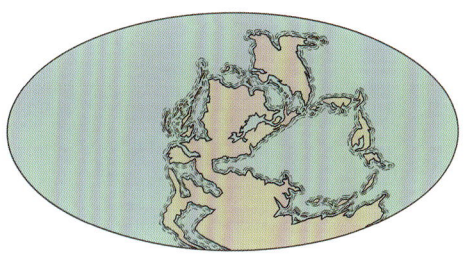

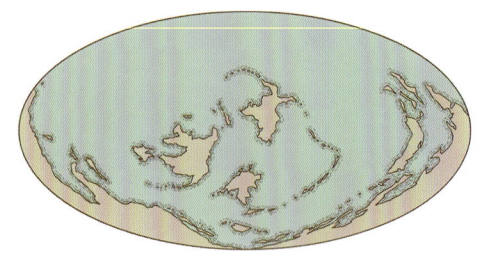

奥陶纪：气候温和，浅海广布，当时的海平面比现在高出400米，现今1/3的陆地都被海洋覆盖着。在这样的环境下，海生生物非常地活跃，比寒武纪更为繁盛。这样悠闲的生活并没有一直持续下去，谁也没有意识到，灭顶之灾即将来临。致命的太空射线、严重的饥荒、遮天蔽日的毒气、漫长的冰期共同导致了第一次物种大灭绝，地球上60%的物种从此消失。

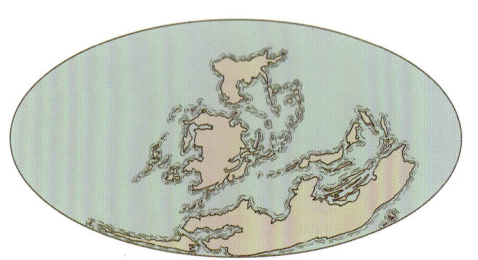

泥盆纪：是地球生物界发生巨大变革的时期，由海洋向陆地大规模进军是这一时期最突出、最重要的生物演化事件。各种鱼类都空前发展，因此又称为"鱼类时代"。某天，海底突然喷涌出300多亿立方米的岩浆，泥盆纪大灭绝开始了。岩浆、忽冷忽热的极端气候、数百万年的长夜、毒气、缺氧、冰期等多种因素叠加在一起，使得地球上75%的物种长眠于此。

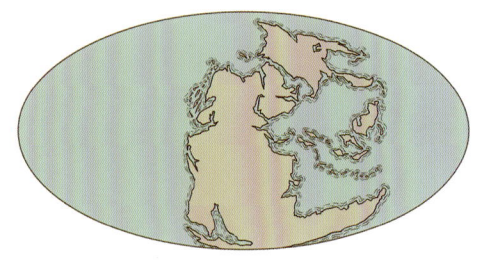

二叠纪：发生了有史以来最严重的大灭绝事件，地球上大约96%的物种灭绝。大名鼎鼎的三叶虫在这场灭绝中永远退出历史舞台，与其一同谢幕的还有顶级捕食者——丽齿兽。2000立方千米的碎石像炮弹一样扫射地面，连同覆盖整个陆地的岩浆、有毒气体、70℃的全球高温、连下数万年的酸雨、40万年的长夜等因素叠加在一起，导致了此次最严重的大灭绝事件。

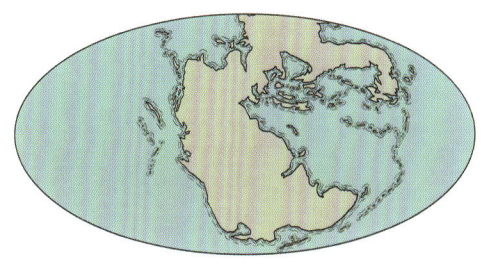

三叠纪：二叠纪大灭绝让地球的生态系统彻底洗牌，为恐龙等爬行类动物的进化铺平了道路。三叠纪晚期，恐龙已经是种类繁多的类群了，在生态系统中占据了重要地位，因此三叠纪也被称为"恐龙时代前的黎明"。

相对于地球历史而言，人类的历史实在太微不足道了。现今的地质学家可以透过岩石中的物质确定岩石的年龄，在此之前，只能通过地层中的化石进行大致判断。黄山附近出露的岩石时间跨度巨大，最早可通过本地的蓝田动物群化石追溯到前寒武纪，而在歙(shè)县出土的黄山龙化石证明该生物在中侏罗世繁衍于此地。

就让我们以前寒武纪为起点，侏罗纪为终点，一起来揭开每个年代中地球的真面目！

美丽的矿物

矿物是由化学元素构成的,是在地壳中自然形成的固体物质。世界上有成千上万种矿物,它们的形状、颜色、大小各不相同。既有金、银这样的贵金属,又有红宝石、钻石这样珍贵的宝石。矿物还是构成岩石的基础材料,仔细观察一颗石头,你也许会发现它是由一种或多种微小的矿物构成的。

霰石(橘色)
它是碳酸钙的一种形式,软体动物和珊瑚虫的外壳都由它组成。

萤石(紫色)

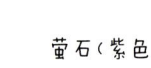

萤石(黄色)

萤石(绿色)
又称氟石,自然界中的萤石颜色多样而艳丽。部分萤石还会散发荧光。

石榴子石
等边形

自然铜
树状

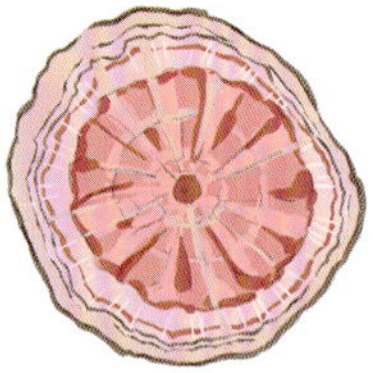

菱锰矿(粉色)
阿根廷的菱锰矿切开来看是一圈圈颜色鲜亮、红白相间的花纹,所以又称为"印加玫瑰"。

黄铁矿(金色)
因其呈浅黄铜色,具有明亮的金属光泽,常被误认为是黄金,故又称为"愚人金"。

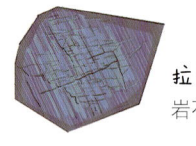

拉长石
岩石状

金属光泽

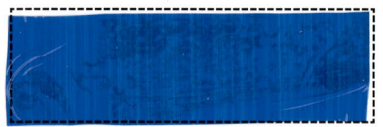

玻璃光泽

如何区分矿物

颜色、形态、光泽、硬度

颜色:有些矿物具有特殊的单一颜色,是它最显眼的标识。而有些矿物则拥有多种颜色,如萤石、水晶,含有多种元素或杂质会导致矿物呈现不同的颜色。

形态:指矿物的外形。矿物有可能是粗短的,也有可能是细长的,就像人有的胖有的瘦,矿物也有不一样的体形。

光泽:用来描述矿物表面反光的能力。矿物可呈现多种光泽,有的像金属,有的像玻璃。而金刚石经过打磨后就是我们熟知的钻石,拥有最明亮的光泽。

硬度： 矿物种类繁杂，硬度也是其辨别方法之一。有的矿物比指甲还软，而有的矿物是自然界中最坚硬的物质。国际上通用的鉴别矿物硬度的标准是莫氏硬度①。莫氏硬度选取了10种矿物和其他物品从软到硬排列，以此来确定其他矿物的硬度。

莫氏硬度	矿物	参照物
1	滑石	铅笔芯 硬度 1
2	石膏	指甲 硬度 2.5
3	方解石	铜币 硬度 3.5
4	萤石	
5	磷灰石	玻璃 硬度 5.5
6	正长石	钢刀 硬度 6.5
7	石英	
8	黄玉	
9	刚玉	
10	金刚石	金刚石（钻石）硬度 10

① 莫氏硬度(Mohs'scale of hardness)是表示矿物硬度的一种标准。1824年由德国矿物学家莫斯(Frederich Mohs)首先提出。

黄山"寻宝记"

你知道吗,黄山除了有引人入胜的美景外,还是一座巨大的"宝库",因为在黄山的地下也埋藏着许多矿物。**看一看**,**连一连**。请试着将矿物与描述它们的文字相连。

我的外号叫"刺猬",外表狰狞的我时刻提醒你离我远点儿,因为我有毒。我的名字是辉锑矿。	我是人类最早使用的金属之一,早在史前时代,人们就开始露天采集我。我在以前被制作成武器、用具,对早期人类文明的进步产生深远的影响,我就是铜。	我从很早的时候就被人们当作装饰品来佩戴,我非常的坚硬。希腊人曾坚信我是永远不会融化的冰。我经常会长成六棱柱。我的名字是水晶。
我很柔软,甚至比你的指甲还要软。生活中到处都有我的身影,我经常被用作建筑材料。我的名字是石膏。	我是矿物中最可爱的,因为我天生长得毛茸茸的。家畜饲养和污水过滤都少不了我。我的名字是沸石。	我是大家时常提起的夜明珠,我天然拥有八面体的外表,显得科技感十足。自然界中的我有多种颜色。我的名字是萤石。

黄山"寻宝记"之迷宫

任务：
★ 找到萤石
★ 避开辉锑矿

岩石家族:岩浆岩

火成岩也称岩浆岩,再说得文艺点儿是"凝固的烈焰"。因为这类石头是滚烫的岩浆在地表或地下冷却形成的岩石。想象一下,每天早晨起床后你挤牙膏时的情景,地下的岩浆也像牙膏一样被挤出地面,这类地表上凝固形成的岩石被称为喷出岩。但并不是所有岩浆都能顺利到达地面,因为岩浆向上被挤出时,温度会降低,许多岩浆在地下就"熄火"了。往往这种地下"熄火"的石头有更长的时间形成结晶,外表像牛轧糖一样!我们称这类岩石为侵入岩。

火成岩的结构及纹理可以展示不同的形成环境。**以黄山为例,我们看到的绝大多数岩石都是花岗岩**,也就是在地下"熄火"的岩石,花岗岩的结晶时间较长,所以晶体颗粒比较粗大。请选择一处新鲜的花岗岩剖面,仔细观察这块石头到底像不像牛轧糖。

奇思妙想屋： 看一看，数一数岩石的大小。

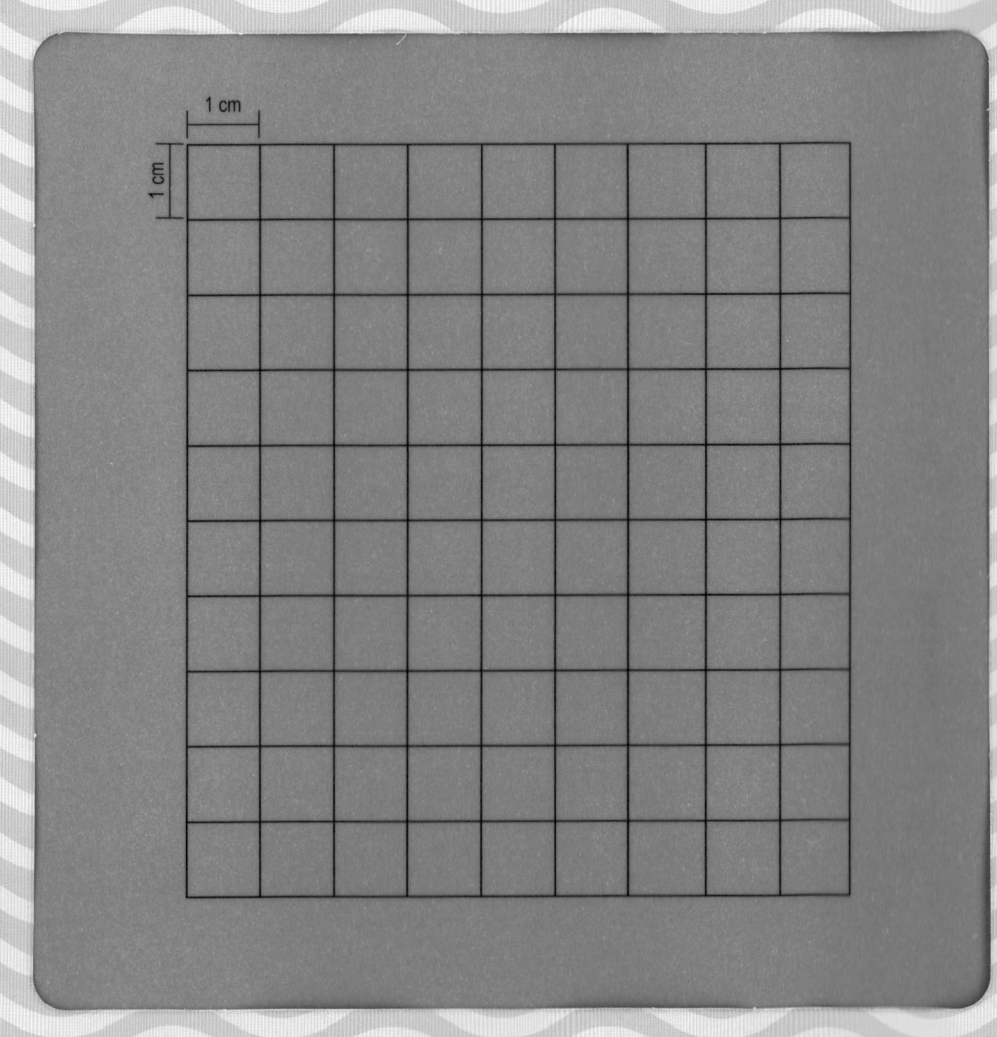

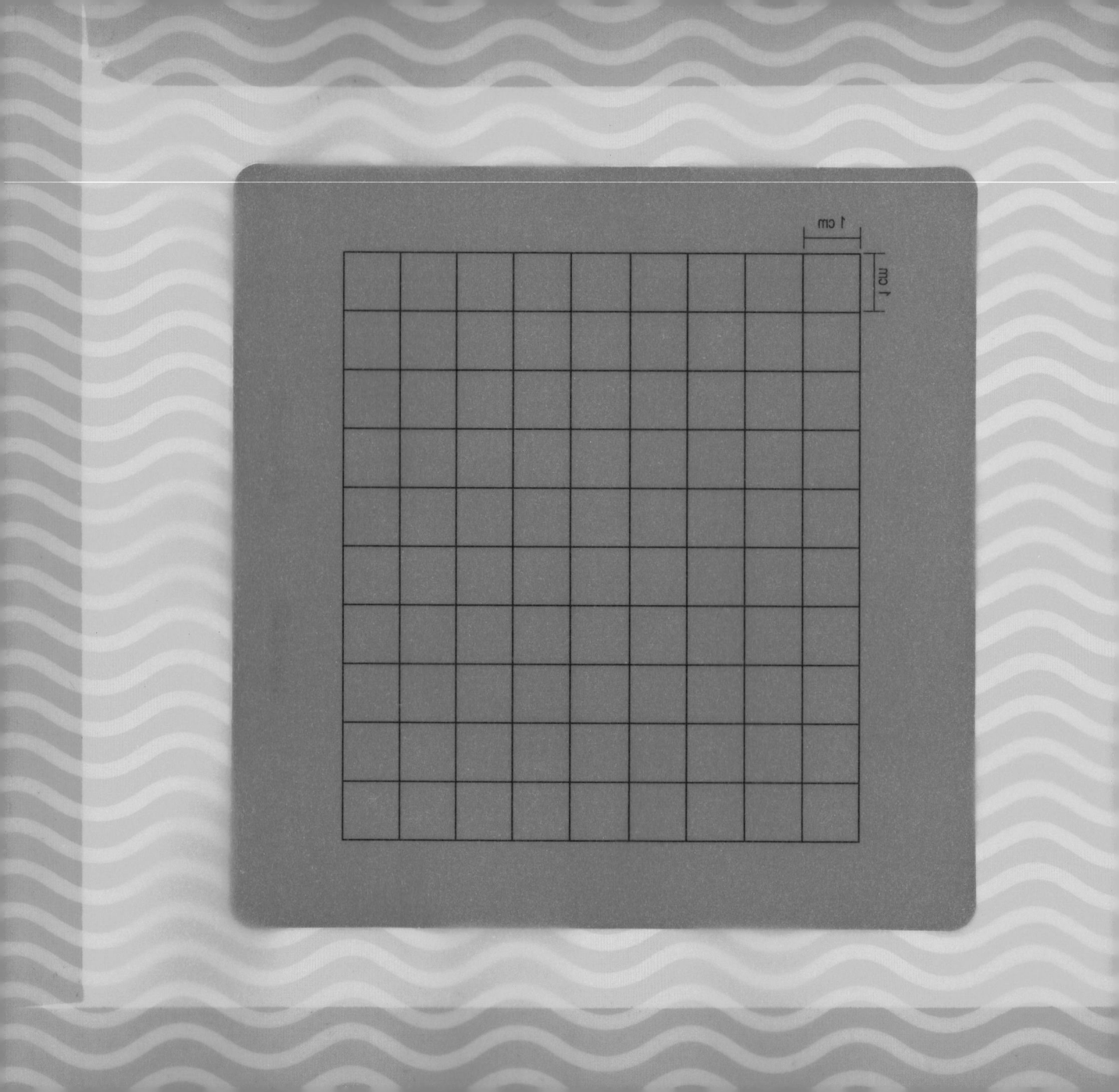

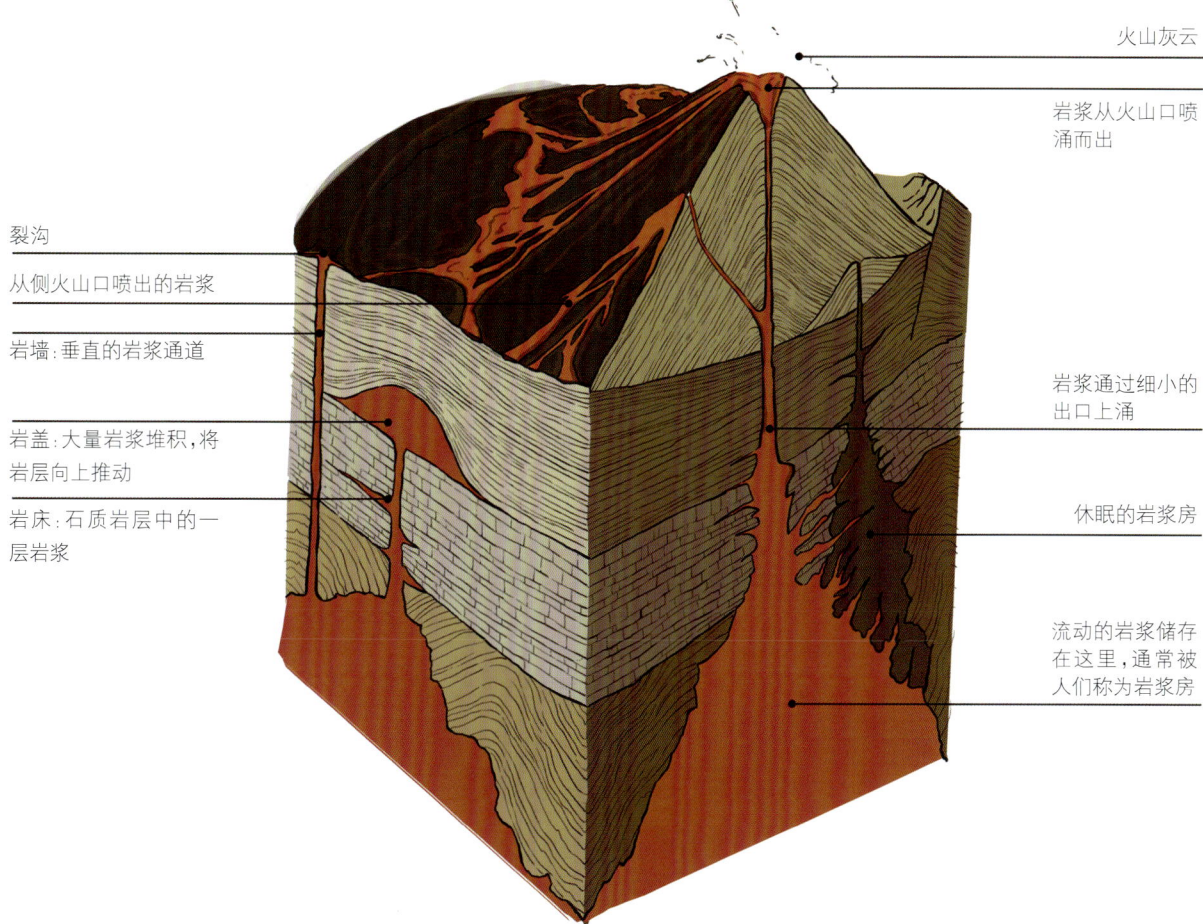

- 裂沟
- 从侧火山口喷出的岩浆
- 岩墙：垂直的岩浆通道
- 岩盖：大量岩浆堆积，将岩层向上推动
- 岩床：石质岩层中的一层岩浆
- 火山灰云
- 岩浆从火山口喷涌而出
- 岩浆通过细小的出口上涌
- 休眠的岩浆房
- 流动的岩浆储存在这里，通常被人们称为岩浆房

  岩浆是温度极高的熔融状岩石，当炙热的岩浆到达地表时，其温度通常约为1200℃。这也是岩浆总泛着红光的原因。岩浆一路从上地幔层上升到地壳下方，继而汇集在岩浆房中。随着岩浆越积越多，岩浆房内的压力越来越大，最终冲破地表的裂隙并通过火山喷发的形式释放出能量。

  前文我们已经提到了，冲破地表后的岩浆慢慢冷却形成的岩石就是岩浆岩中的喷出岩。由于岩浆冷却的速度非常快，岩石内的结晶还来不及长大，所以喷出岩大多没有"牛轧糖"一样的结构，比如玄武岩和黑曜岩。在地下慢慢"熄火"的岩石就不同了，它们有足够长的冷却时间，晶体体积很大，不需要借助显微镜就可以看到，有的晶体甚至比一辆车还要大！花岗岩就是这类岩石的典型代表。**仔细观察一块身边的花岗岩，借助前面的奇思妙想屋数一数它的大小。**

花岗岩

黄山花岗岩(第一期):中粒二长花岗岩

黄山花岗岩(第二期):中粗粒似斑状花岗岩

黄山花岗岩(第三期):中细粒斑状花岗岩

黄山花岗岩(第四期):细粒含斑花岗岩

  花岗岩是地壳中分布最广的岩石,"花"形容岩石有美丽的斑纹,"岗"表示岩石很坚硬,因此花岗岩就是有着斑纹的坚硬岩石。花岗岩是一种常见的侵入岩,主要由长石、石英、云母等矿物组成。

  黄山地质公园是以中生代花岗岩地貌著称的地质公园。岩体的内在特点与外貌很好地记载了本区(扬子板块的东南缘)的地质历史,它集中反映了1.34亿年以来黄山花岗岩岩体从侵入—隆升—剥蚀等内、外营力作用的地质历史,是重大构造事件转折期的体现;从全球范围看,黄山地质公园又是反映和揭示花岗岩地貌景观形成机制的最佳地区。

  根据黄山花岗岩岩体的地貌、结构、岩性以及相互之间的接触关系,可以将黄山花岗岩岩体分为四个不同的期次。第一期为中粒二长花岗岩,第二期为中粗粒似斑状花岗岩,第三期为中细粒斑状花岗岩,第四期为细粒含斑花岗岩。

  花岗岩会出现颗粒粗细不同的现象,是因为矿物顶部先结晶,矿洞和大的晶体都在矿脉顶端,而下部为细密的晶体颗粒。我们可以通过结晶粗细来判断结晶先后,进而推断岩石是在岩脉的哪部分形成。

岩石家族：沉积岩

博物馆中展览的化石、建筑物白宫的白色岩石、装修房间的石灰、冬天取暖的煤炭……这几样看似毫无联系的东西都与一个东西相关——沉积岩。顾名思义，沉积岩就是需要"静下心来，慢慢沉淀"的岩石，其形成过程往往要花费大量的时间。

同一地点的沉积岩十分讲究次序，最先形成的岩层被压在最下面，后面形成的新地层靠上。而每一层岩层的外观和成分都不尽相同，从侧面剖开来看简直就是一张内容丰富的"千层饼"。

可别小看这张"饼"，它们是地质学家研究古代地球的重要依据。沉积岩总体数量并不多，体积仅占整体岩石圈的5%，但分布却极广，而且沉积岩也是极富"内涵"的岩石，全球80%的矿产资源来源于它。

沉积岩是由其他岩石的碎块、生物等物质经过水流或冰川的搬运作用、沉积作用和成岩作用形成的岩石。**黄山仅有桃花峰一处，是由沉积岩形成的山峰。** 小心观察这里的各种岩石，从它们颗粒的大小可以推测出其形成的环境及名字由来。

沉积岩观察点

峡谷是观察沉积岩的好地方。较硬的岩层在外力作用下幸存下来，形成陡峭的悬崖，较软的岩层则被侵蚀成了斜坡。

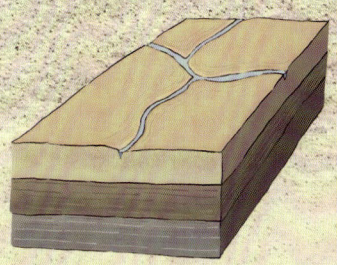

峡谷的形成：板块运动将陆地表层抬高而"重见天日"，使河流像小刀一样不断下切岩石。

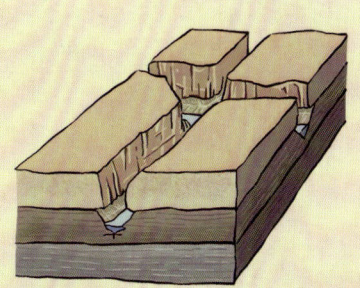

峡谷的成长：河流不断通过沉积岩向下切割，形成了深而窄、两壁陡峭的峡谷。此时观察沉积岩就非常直观了。

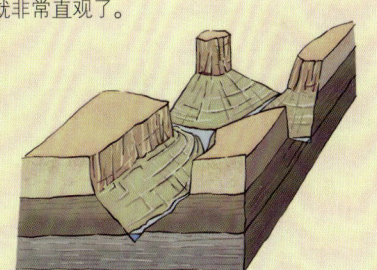

峡谷的扩大：较软的岩石被腐蚀、切割，峡谷向两边扩张。顶部坚硬的岩石也因为下部被掏空而坍塌。

奇思妙想屋：动手触摸，感受不同沉积岩的手感。

> 沉积岩可以根据其颗粒大小分类。
> 泥岩是由最细腻的黏土沉积而成；砂岩则由颗粒再大一些的沙粒组成；砾岩是由粒径2毫米以上的碎石固结而成。

桃花峰的岩石，手感摸起来像……

岩石家族：变质岩

　　地表以下的岩石由于受到地球巨大的积压和高温炙烤，持续不断地发生着变化。它们不会融化，而是保持着固体状态慢慢变化，人们称这种现象为变质现象。大多数变质现象起初并不显见，随着被加热的岩石中的晶体不断结合变大，变质便呈现了出来。

　　食物的变质往往宣布了它们的"死讯"，**但岩石变质往往代表它们会变得更坚硬、更有光泽**。变质岩，如石英岩、大理岩，远比变质之前的岩石更为坚硬。

　　正因为岩石的变质作用，产生了多用于建筑材料的大理石，才铸就了中国的"汉白玉"文化。不论是天安门前的华表，还是太和殿下的石阶，都选取了坚硬而洁白的大理石为材。

　　在岩石的变质作用中，平滑的矿物如云母会重新生成，它平滑的一面受到挤压形成了板岩、千枚岩等。而在极高的温度和压力作用下，则会形成新的矿物，如漂亮的宝石——石榴子石。

有两种情况可以导致岩石发生变质作用:高压和高温。在巨大的压力下,岩石被挤压导致变质;在高温炙烤下,岩石因受热而发生变质。

挤压:有时,岩石会因为受到挤压而发生变化,并被地球深处的力量推挤形成山脉。

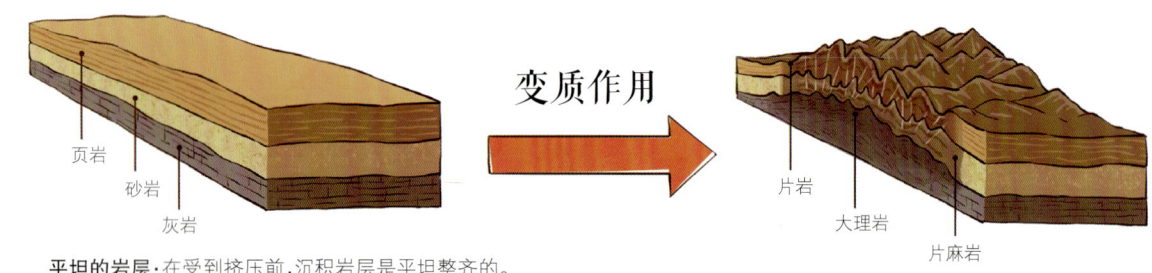

平坦的岩层:在受到挤压前,沉积岩层是平坦整齐的。

褶皱:高强度的挤压使岩层形成紧实的褶皱,使岩石发生变质。

炙烤:岩浆上升到地表,炙烤周围的岩石,这些岩石冷却后产生新的矿物。

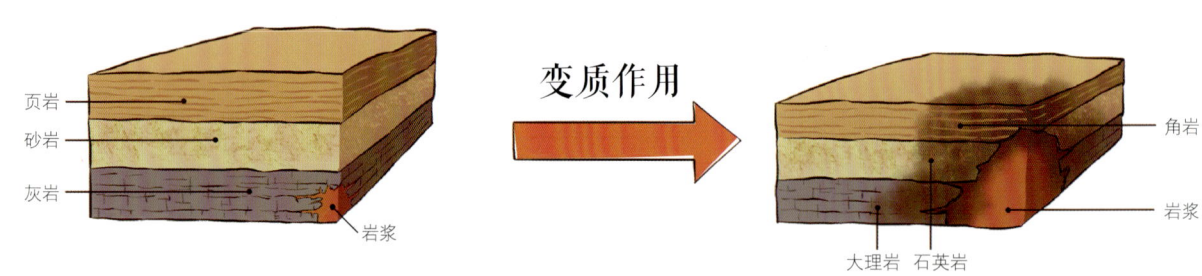

加热:炙热的岩浆穿过沉积岩一路向上。

炙烤:炙热的岩浆持续加热岩石,使它们发生变质。

奇思妙想屋： 放大镜是地质学家经常用来观察岩石和矿物的工具，你也一起用它来观察和认识岩石的真面目吧！

岩石三兄弟

看似静止的岩石其实一直在运动。山脉拔地而起，火山口汹涌的岩浆凝结为岩石，岩石被风或水切割成砂砾，又被搬运、堆积、挤压，岩石被挤压到地下深处，这些都是岩石发生的运动。

在如此繁杂的运动中，形成了三种岩石。熔融的岩浆喷出地表后冷却形成了火成岩；被风或水不断打磨的岩石形成岩石碎片，碎片逐渐堆叠凝结形成了沉积岩；在地球内部被高压挤压、高温炙烤形成了变质岩。

我们将**火成岩、沉积岩、变质岩**合称为"**岩石三兄弟**"。这三位"兄弟"在特殊的条件下可以互相转化，形成了不间断的"**岩石循环**"。

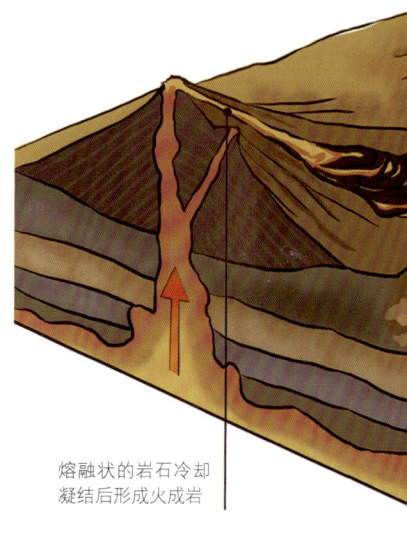

熔融状的岩石冷却凝结后形成火成岩

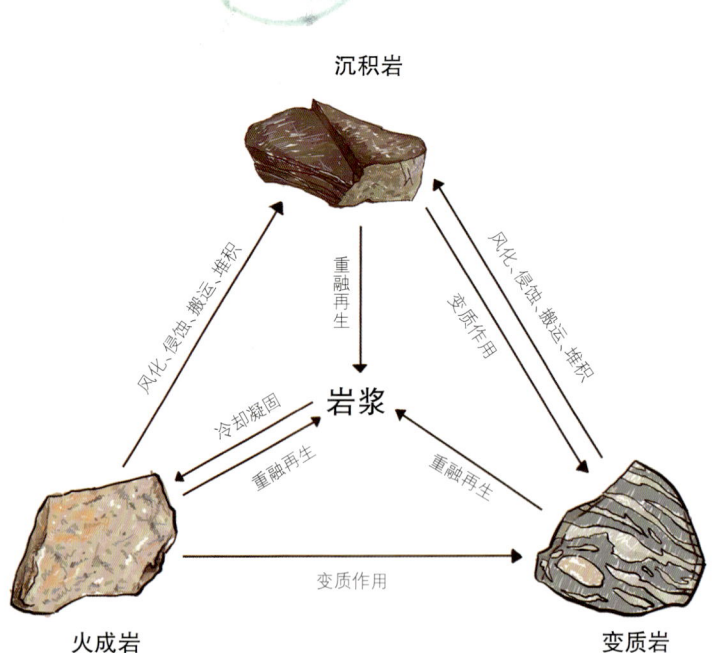

三大岩石的转化就是岩石产生后被破坏重组的过程。侵蚀作用消耗山脉和火山形成泥沙，随后泥沙被河流带入大海，海底的沉积物被冲到俯冲带，岩石在那里被融化成火山岩浆，等待下一次的喷发。一个完整的循环便这样完成。

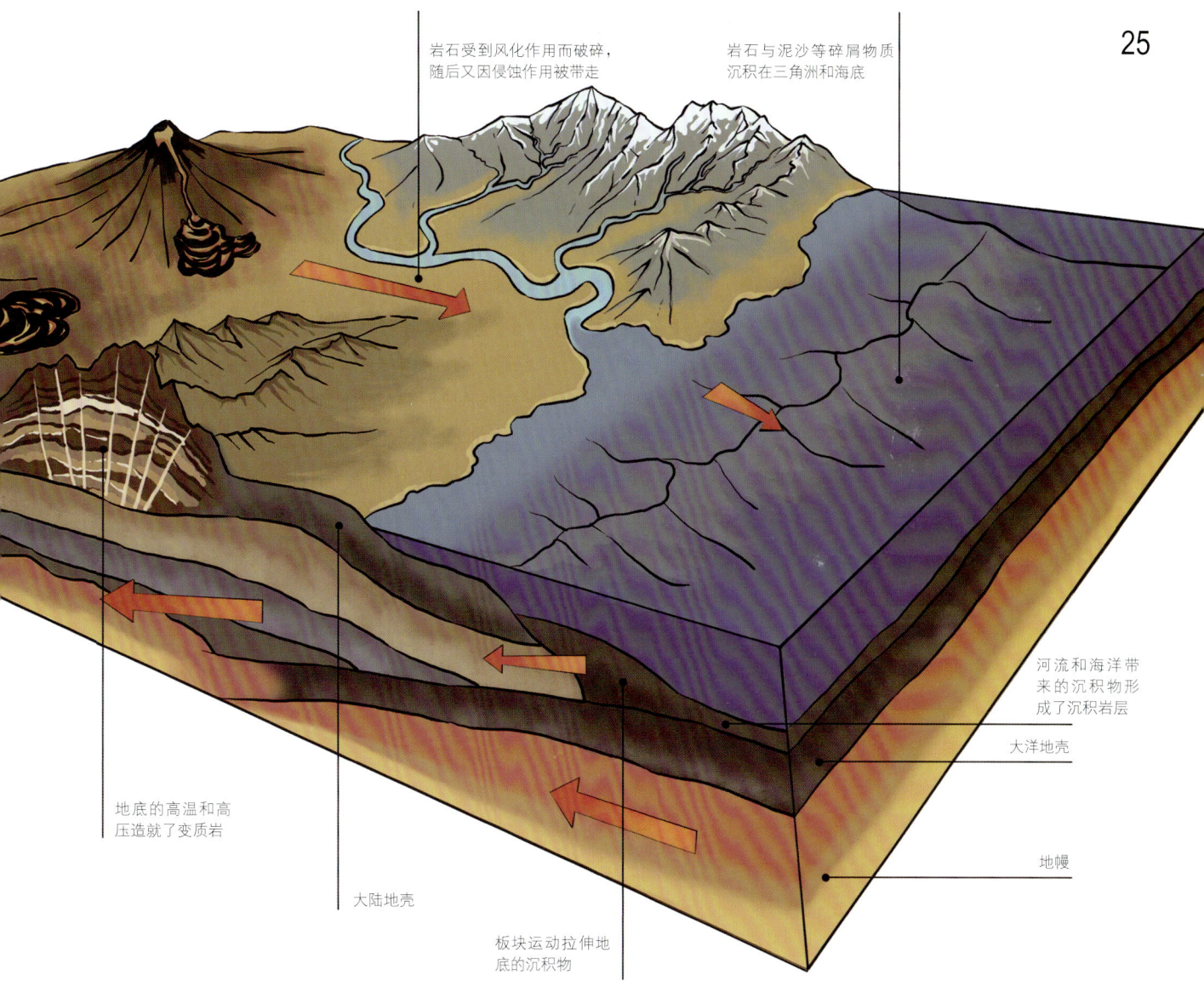

大地构造

岩层在形成时一般是水平的。柔软的岩层在地球"内部动力"下,因受力而发生弯曲,一个弯曲称为褶曲,一系列的弯曲变形叫**褶皱**。在这种构造现象中,大颗粒岩石中的矿物被挤压拉伸,这种挤压拉伸的现象叫做糜棱岩化,被挤压成粉末的岩石称为**糜棱岩**。小颗粒的岩石变成千枚岩,千枚岩由泥岩变质而成,所以多呈现出丝绢光泽。

地表下的板块运动会形成巨大的压力,这种压力可以使岩层弯曲,也可以折断岩层。岩石破裂且两侧的岩块沿着破裂面有明显滑动,这种构造称为**断层**。我们可以在岩石的表面和公路的断面看到一些小的断层,而大的断层可以绵延数百千米。因此,断层往往是推断地质构造的重要依据。

黄山在漫长的地球构造中经历了印支运动、燕山运动和喜马拉雅运动。**印支运动**将全球所有陆地合并成一个巨大的陆地,也就是超级古陆。全球陆地合并时,黄山这片区域形成了断裂和褶皱,并隆起成一座山脉带。**燕山运动**发生于侏罗纪到白垩纪时期,因在中国的燕山构造带产生的构造运动而得名,燕山运动**形成了黄山的雏形**。**喜马拉雅运动**抬高了中国大陆,使黄山逐渐被风化,露出地表,直至形成我们今天见到的黄山。

黄山掠影

奇松：黄山绵延数百里，千沟万壑，比比皆松。黄山奇松生长在海拔800米以上的地区，黄山奇松的叶子较马尾松更为粗短。黄山奇松以石为母，顽强地扎根于巨岩裂隙中。黄山奇松是在黄山独特地貌和气候条件下形成的一种中国特有品种。

黄山游记 我眼中的奇松

_____年___月___日 天气: ☀️ ☀️ ⛅ 🌧️ ❄️　心情: 😀 😌 😋 😄 😕

小朋友们,寻找黄山奇松的路上,你一定看到许多美景,经历了许多有趣的事吧!仔细观察一下,你们看到根劈作用这种地质现象了吧,不妨用文字、照片或手绘的方式记录下来吧!

怪石：黄山怪石以奇取胜，以多著称。黄山怪石都是大自然的鬼斧神工，从不同的位置或在不同的天气下观看，形态迥异。坚硬的岩石也会存在裂缝，我们称其为节理。岩石露出地表，受到风、水、生物等诸多因素的侵蚀，岩石会沿着原有的节理碎裂、风化，最终形成外表迥异的怪石。

黄山游记 我眼中的怪石

_____年____月____日 天气：☀️ ☀️ ⛅ 🌧️ ❄️　心情：😃 😊 😌 😄 😐

小朋友们，你们有没有看到飞来石、"猴子观海""仙人晒靴"等怪石奇景呢？仔细观察岩石上的节理，在上方的虚线框内绘制出来。

云海：所谓云海，是指在一定条件下形成的云层，且云顶的高度要低于山顶的高度，它是山岳风景的主要景观之一。黄山自古就有"云海之都"的美誉。在"黄山四绝"中，云海可谓是当之无愧的第一奇景。高山俯视，漫无边际的云让人们如临大海之滨，故称云海。

黄山游记 **我眼中的云海**

_____年___月___日 天气: ☁️ ☀️ ⛅ 🌧️ ❄️　　心情: 😁 😖 😐 😋 😣

爬到很高的地方才可以看到云海美景,小朋友真棒！有没有"会当临绝顶,一览众山小"的感觉呢！

温泉：是泉水的一种，温泉泉口温度显著高于当地的年平均气温，泉水中含有对人体健康有益的微量元素。黄山温泉属高山温泉，源自海拔850多米的紫云峰下，与桃花峰隔溪相望。温泉常年不断，每天的出水量约400吨，水温常年保持在42℃左右。

黄山游记 我眼中的温泉

_____年_____月_____日 天气: ☀️ ☀️ ☁️ 🌧️ ❄️ 心情: 😀 😌 😔 😊 😐

在桃花峰的山脚下,有一处温泉泉眼,小朋友们赶快出发去体验一下吧!在寻找泉眼的路上,有许多珍贵的"植物活化石"——孑遗植物,记得把它们也一并记录在游记中。

冬雪：在黄山，春夏秋冬四季的概念，和平原地区不一样。黄山的4~6月为春季，7~8月为夏季，9~10月为秋季，11月至次年3月为冬季。黄山不仅平均气温较低，而且由于黄山地势高耸，其温度又随地势升高而递减。半山寺、云谷寺一线以下，四季还比较分明；其上（包括光明顶、玉屏楼、北海），春、夏、秋三季只有140天左右，其余皆为冬季。

黄山冬雪，极有特色，摄人心魄。黄山四季皆胜景，冬雪堪称最销魂。随着黄山冬季美景不断为世人发现和认可，如今人们把冬雪称为黄山"第五绝"。每到严冬，皑皑白雪，遍铺峰峦。"一夜寒风起，万树银花开"，到处是银妆素裹，玉砌冰雕，置身其间，仿佛进入扑朔迷离的童话世界。明人潘旦游后曾赞叹："玉柱撑天，琼花满树，恍入冰壶，不知人世复在何处。"

黄山游记 我眼中的冬雪

_____年___月___日 天气: ☀️ ☀️ ⛅ 🌧️ ❄️   心情: 😁 😊 😌 😄 😐

黄山的雪景独一无二,雪与松、石、云、泉完美结合,宛如银装素裹的神女。雾凇俗称树挂,非雪非冰,是低温时雾水冻结在树枝上的乳白色冰晶。小朋友们,你们是什么季节来黄山游玩,有没有看到一幅雪白晶莹的图景呢?

岩石 ID 卡 1

观察人：＿＿＿＿＿＿

观察日期：＿＿＿＿＿＿

观察对象：＿＿＿＿＿＿

1. 我的岩石有 ＿＿＿＿＿＿ 厘米长。
2. 我的岩石有 ＿＿＿＿＿＿ 厘米宽。
3. 我的岩石是否有肉眼可见的矿物？ □ 是　□ 否
4. 我的岩石重 ＿＿＿＿＿＿ 克。
5. 我可以描述这块岩石：

我认为这块岩石是：　　　　　　　　发现这块岩石的环境：

6. 请试着画出你所观察到的岩石。(肉眼看到的、放大镜下观察到的)

岩石ID卡 2

观察人：＿＿＿＿＿＿＿

观察日期：＿＿＿＿＿＿＿

观察对象：＿＿＿＿＿＿＿

1. 我的岩石有 ＿＿＿＿＿＿ 厘米长。
2. 我的岩石有 ＿＿＿＿＿＿ 厘米宽。
3. 我的岩石是否有肉眼可见的矿物？ □是 □否
4. 我的岩石重 ＿＿＿＿＿＿ 克。
5. 我可以描述这块岩石：

我认为这块岩石是：　　　　　　　　　　发现这块岩石的环境：

6. 请试着画出你所观察到的岩石。(肉眼看到的、放大镜下观察到的)

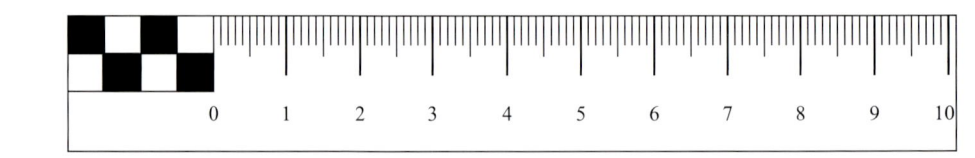

岩石ID卡 3

观察人：_____

观察日期：_____

观察对象：_____

1. 我的岩石有 _____ 厘米长。

2. 我的岩石有 _____ 厘米宽。

3. 我的岩石是否有肉眼可见的矿物？ □是 □否

4. 我的岩石重 _____ 克。

5. 我可以描述这块岩石：

我认为这块岩石是： 　　　　　　　　发现这块岩石的环境：

6. 请试着画出你所观察到的岩石。(肉眼看到的、放大镜下观察到的)

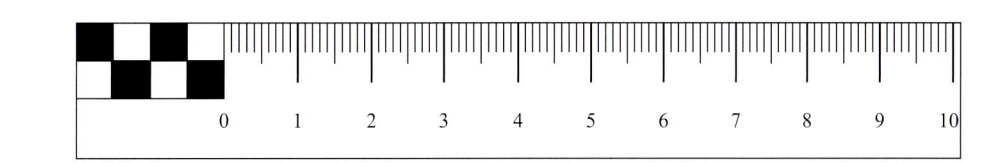

岩石ID卡 4

观察人：＿＿＿＿＿＿＿

观察日期：＿＿＿＿＿＿＿

观察对象：＿＿＿＿＿＿＿

1. 我的岩石有 ＿＿＿＿＿＿＿ 厘米长。
2. 我的岩石有 ＿＿＿＿＿＿＿ 厘米宽。
3. 我的岩石是否有肉眼可见的矿物？ □是 □否
4. 我的岩石重 ＿＿＿＿＿＿＿ 克。
5. 我可以描述这块岩石：

   我认为这块岩石是：   发现这块岩石的环境：

6. 请试着画出你所观察到的岩石。(肉眼看到的、放大镜下观察到的)

地球成长史

年幼的地球并不具备出现生命的条件，那是一个毫无生机的世界。天空中布满有毒的大气，陆地上没有一点生机，到处都是汹涌的岩浆。这种情况持续了几亿年。

七亿年前，地球迎来了自形成以来的最大"寒潮"。当时的地球，从宇宙中观察基本上是白茫茫的一片。整个地球表面都被冰雪覆盖起来，我们称其为"雪球事件"。

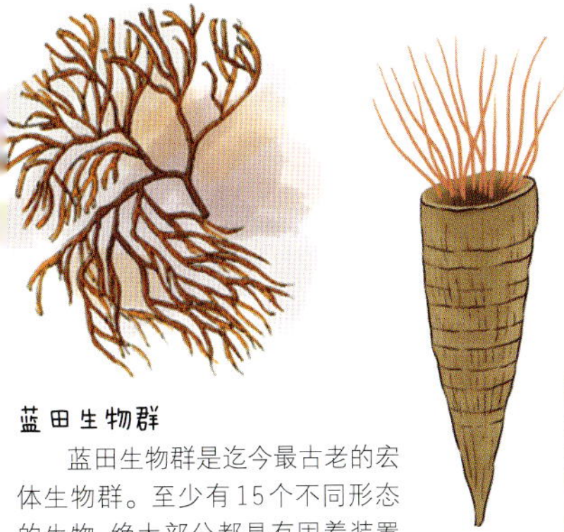

蓝田生物群
蓝田生物群是迄今最古老的宏体生物群。至少有15个不同形态的生物，绝大部分都具有固着装置（底栖动物）。蓝田生物群为早期复杂高等生命研究打开了一个新的窗口，具有重要的研究价值。

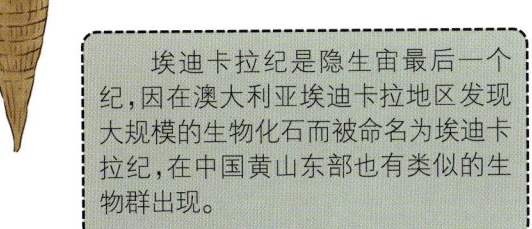

埃迪卡拉纪是隐生宙最后一个纪，因在澳大利亚埃迪卡拉地区发现大规模的生物化石而命名为埃迪卡拉纪，在中国黄山东部也有类似的生物群出现。

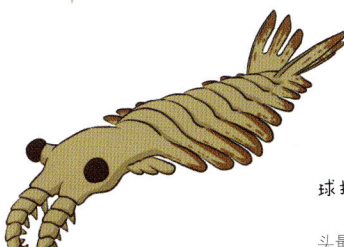

奇虾
生活于寒武纪的海洋中，它是已知最庞大的寒武纪动物，大概有两个鞋盒子那么大！

球接子
是三叶虫大家庭中个头最小的无眼三叶虫。

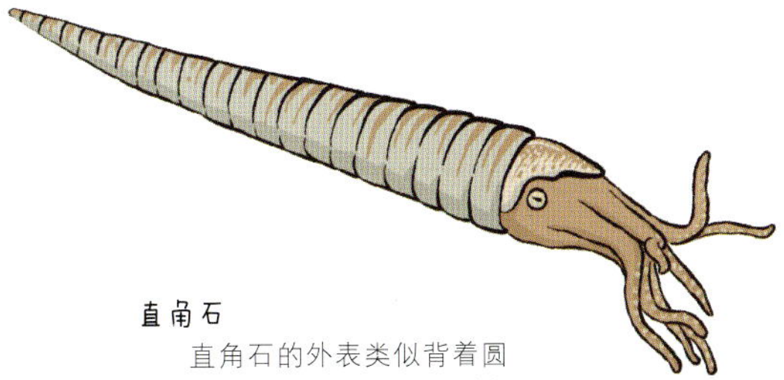

直角石
直角石的外表类似背着圆锥形管子的章鱼，它们仅生活在古生代，是奥陶纪的代表性生物之一。体形最大的角石叫房角石，可以长到公交车那么大！

弓形角石
弓形角石的外表就是背着弯圆锥形管子的章鱼了，所有角石都是脚丫子长脑袋顶上的怪家伙，所以它们都属于头足类动物。

寒武纪是显生宙第一个纪，在寒武纪早期全球出现了寒武纪生命大爆发事件，大量的生物在地层里突然出现。寒武纪代表物种为三叶虫。全球根据三叶虫物种分布分为两个生物区：以莱得利基虫为代表的亚澳太平洋生物群（东方动物群），以古油栉虫为代表的欧美大西洋区（西方动物群）。

奥陶纪是显生宙第二个纪，早期出现了生命大辐射。在寒武纪区域性分布的生物在奥陶纪早期布满全球。奥陶纪代表物种为角石，赫南特贝及小达尔曼虫的出现代表着奥陶纪结束。
奥陶纪角石根据其品种分为以珠角石为代表的北方区和以直角石为代表的南方区。

古油栉虫
古油栉虫是一种早期三叶虫，它可是欧美动物群的代表物种哦！

海绵（古杯动物）
海绵是最古老的海生生物，从寒武纪至今一直存在。

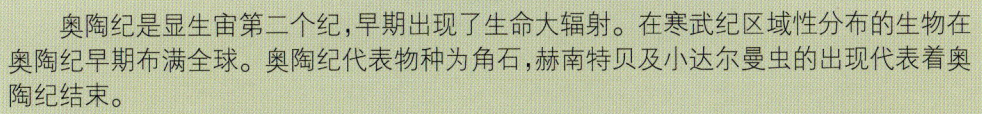

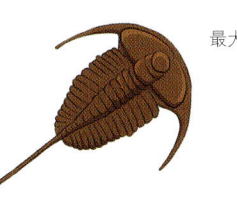

莱得利基虫
简称"莱氏虫"，以最早研究此化石的英国生物学家莱得利基虫命名。

湘西虫
三叶虫的一种，是中国古生代最大的三叶虫。

海百合
名字里虽然带花儿，但其实是一种动物。因为具多条腕足，身体呈花状，长得像植物，人们起名"海百合"。

笔石
　　笔石这个名字是由于该生物的化石往往被压扁了,形成了像铅笔在岩层上书写的痕迹,故名笔石。

链珊瑚
　　生活在有礁石的温暖浅海地带,最早出现于奥陶纪,主要分布在志留纪,但于志留纪末期逐渐灭绝。

　　志留纪是显生宙的第三个纪,奥陶纪大灭绝后,残留的生物在志留纪得到了大规模繁殖,从而出现了志留纪大复苏事件。在志留纪出现了第一批头甲鱼,志留纪的结束以古植物登陆事件为代表。

王冠虫
　　志留纪的代表三叶虫。在我国的湖南湘西发现了大量化石。

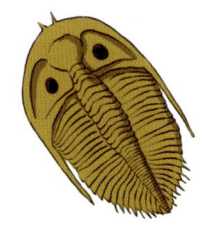

翼肢鲎
　　最古老的类似蝎子一样的巨大的节肢动物,体长最大可达3米。

头甲鱼
　　古老的身披盔甲的鱼类,整个头部都埋在像拖鞋一样的盔甲中。头甲鱼的头和身体的腹面都是平的,不难想象它们是游泳能力不强的底栖动物。

　　泥盆纪是晚古生代的开端,鱼类在此时非常繁盛,所以我们称它为"鱼类的时代"。同时,动植物都开始在泥盆纪进行大跃进式的登陆,地球上的陆地第一次开始变得喧嚣。
　　在泥盆纪晚期全球第一次出现因赤潮导致的生物大灭绝事件,我们称作弗拉-法门期大灭绝。泥盆纪生物在我国分为以广西南丹地区为代表的深海生物群和以广西象州地区为代表的浅海生物群。在其他区域则出现以工蕨为代表的近水生物群和以其他植物为代表的远水生物群。

邓氏鱼
　　史上最大的头甲鱼,单体最大可长到11米左右,是当时的顶级掠食者。邓氏鱼虽然是肉食性鱼类,但并没有牙。头甲骜生如镰刀一般伸出,配合它惊人的咬合力,是当时当之无愧的海中霸主。

鱼石螈
　　长着鱼形的身体的两栖动物。登上陆地的第一批脊椎动物可以说是大自然的试验品,不信你看,它竟然有7到8根指头!

　　石炭纪是晚古生代的第二个纪,以蟌的出现为代表,同时出现迷齿类和原始爬行类。因早期登陆的昆虫没有天敌,因此体型庞大,在石炭纪地层中曾发现过体长长达3米的巨型马陆。
　　在石炭纪晚期全球出现了一次大冰期事件,但未对生物产生较大的影响。
　　在石炭纪我们以植物划分区域,分别是以匙叶为代表的北温带气候的安加拉植物区和以舌羊齿为代表的冈瓦纳植物区。

箭石

箭石化石的外表和箭头非常相似,但其实箭石是外形酷似乌贼的生物留下来的。它的箭头状的鞘最容易保存并成为化石。箭石分布广泛,除了用于确定地层时代外,还可以测定当时的水温,这为确定古气候及大陆漂移提供了资料。

贵州龙

贵州龙是海生动物,但四肢尚未退化成鳍脚,两栖于滨海环境。它脑袋小、脖子长、身体扁宽,很像后来出现的蛇颈龙。

银杏

珍贵的孑遗植物。银杏生长缓慢,寿命极长,自然条件下从栽种到结果要二十多年,四十年后才大量结果,因此又被人称为"公孙树",有"公种而孙得食"的含义。

水龙兽

体型有点像今日的河马,身体结构已经具有若干哺乳类动物的进步性状。但它还是属于类哺乳爬行动物。

三叠纪是中生代第一个纪,全球各地均出现中龙与水龙兽,说明了当时盘古大陆正式形成。在中国贵州出现了以贵州龙、鱼龙、海百合、古鳕鱼为代表的黔西南生物群。

鱼龙

鱼龙是一种类似鱼和海豚的大型海栖爬行动物。在三叠纪,某种陆栖爬行动物逐渐回到海洋中生活,演化为鱼龙。这个过程类似于海豚和鲸鱼的演化过程。在白垩纪,它们作为最高级的水生肉食动物被蛇颈龙取代。

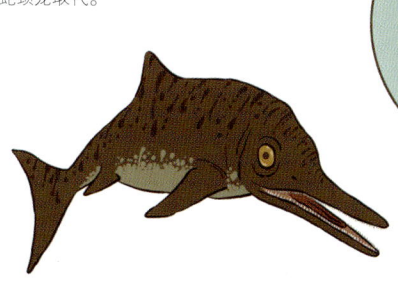

侏罗纪是恐龙的鼎盛时期,在三叠纪出现并开始发展的恐龙已经迅速成为地球的统治者。各类恐龙济济一堂,构成千姿百态的恐龙世界。当时除了陆地上身体巨大的迷惑龙、梁龙等,水中的鱼龙和飞行的翼龙也大量发展和进化。在黄山本地则出现了马门溪龙类的黄山龙。

暴龙
最后灭绝的恐龙之一,其名在古希腊文中译为"残暴的蜥蜴王"。

恐龙足迹
恐龙的脚印代表着恐龙曾经生活在这里的痕迹,所以恐龙足迹属于遗迹化石。

恐龙蛋
恐龙蛋形成的化石也是研究恐龙的一个重要参照。如果恐龙蛋内没有胚胎,便是化石中的遗迹化石;如果恐龙蛋内有恐龙胚胎,便属于实体化石。

甲龙
甲龙可谓是移动的坦克,坚硬的铠甲和头骨可以让它在暴龙的眼皮下畅通无阻。

黄山龙
黄山龙靠四足行走,通常在河畔湖滨地带生活。与其十分相似的马门溪龙就通常会将一部分身体泡在水中,这样可以为行动节省很多体力,也可推测黄山龙有相似的习性。黄山龙以柔嫩多汁的植物为食,完整的体长有10~12米。

裂口鲨
最古老的鲨鱼。有可能会用尾巴包围住猎物后,整个吞下。

旋齿鲨
旋齿属于鲨鱼的哪个位置的争论一直延续至今。因为无论是现生鲨鱼还是其他的脊椎动物,都没有任何一个种类发现长有类似旋齿。

菊石
菊石是一种已经灭绝的生物,科学家只能根据化石和现代的鹦鹉螺来推测菊石的信息。据推测,菊石应该和鹦鹉螺一样,是一种游速不快,运动连贯性很差的动物。

巨脉蜻蜓
翅膀展开可以达到0.75米。石炭纪出现大量巨型昆虫是由于当时地球的氧气含量比现在还要高20%,十分利于昆虫的成长。

林蜥
林蜥是最早出现的爬行类动物。它是肉食主义者,主要捕食森林中的昆虫或小型爬行动物。

舌羊齿
叶子像舌头一样的蕨类植物。

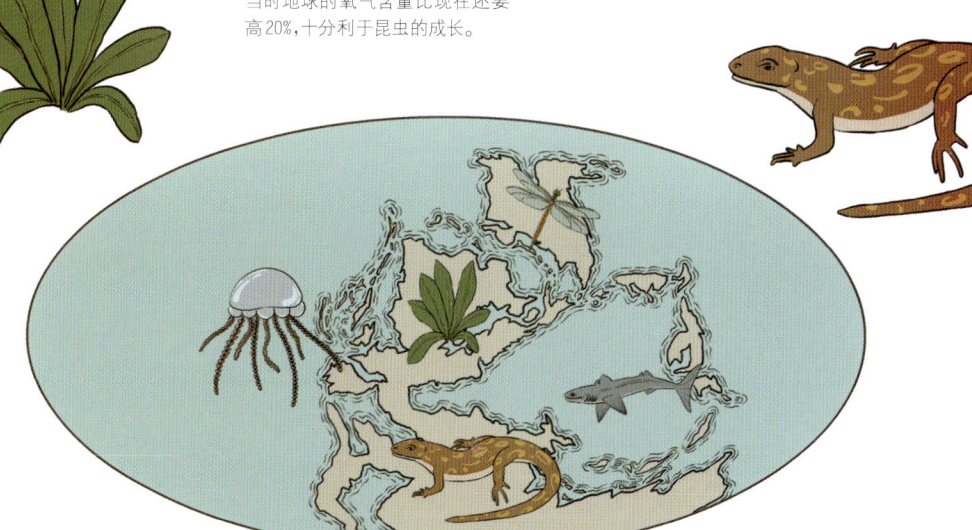

二叠纪是晚古生代的最后一个纪，以蜓灭绝为结束。在二叠纪晚期出现了一次超级古陆事件，全球各大洲合并成了一个巨大的大陆，我们称其为盘古大陆，超级古陆合体导致了全球气候大变化，从而引起全球大灭绝事件。

二叠纪在热带-亚热带地区根据有无大羽羊齿的标准分为有大羽羊齿的华夏植物区和无大羽羊齿的欧美植物区。

古鳕
肉食性鱼类，主要捕食海洋中的无脊椎动物。

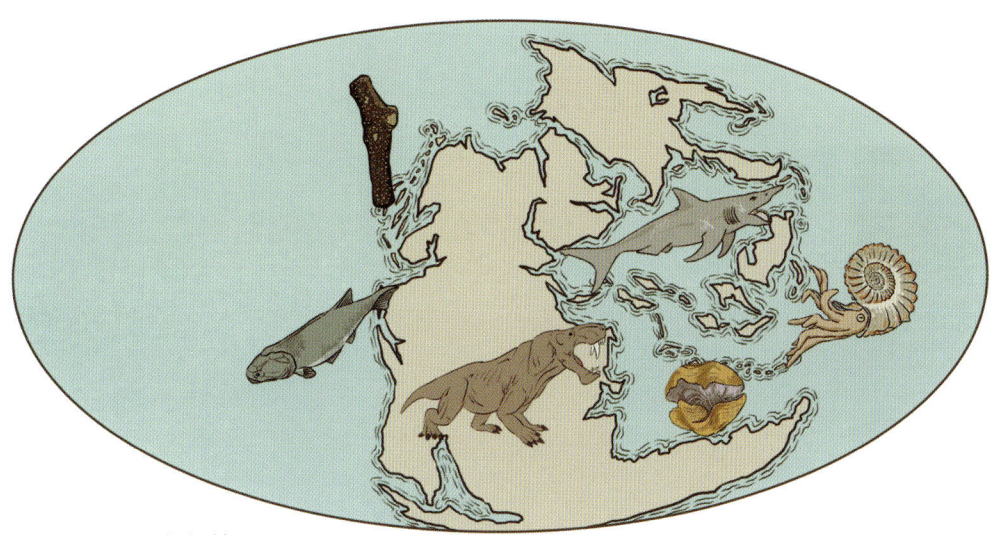

苔藓虫
幼年时期过着无忧无虑的漂浮生活，长大后便会"安定"下来。苔藓虫喜欢热闹，群居生活。堆叠在一起的苔藓虫往往呈现树枝状或网状。

无洞贝
无洞贝和如今的扇贝不同，它左右两边的贝壳并不对称。而且扇贝会伸出"舌头"捕食，无洞贝则会伸出毛茸茸的触手。

狼蜥兽
食肉，外形像狼。有着令人战栗的双重军刀牙，这是生物进化史上一次重大的突破，之后有许多哺乳类动物长着类似的獠牙。但狼蜥兽体型较小，大约只有狗那么大。